Aus der Reihe „Mathematik – leicht verständlich":

Das Kopfrechnen

von Dr. Detlef Bommhardt

Dresden, Juli 2023

Im Zeitalter der Taschenrechner scheinen die Fähigkeiten und Fertigkeiten im Kopfrechnen nicht mehr gefragt zu sein und verkümmern. Engagierte Mathematik-Lehrer kommen regelmäßig ins Kopfschütteln, wenn sie ihre Schüler dabei beobachten, wie diese reflexartig zum Rechenknecht greifen, um selbst simpelste Aufgaben wie 13 + 17 oder 4 • 19 auszurechnen.

In einem offenen Brandbrief vom 17. März 2017 an die Kultusministerkonferenz sowie die Bundesministerin für Bildung und Forschung beklagten Dutzende Hochschullehrer von verschiedenen deutschen Universitäten

> „Den Studienanfängern fehlen Mathematikkenntnisse aus dem Mittelstufenstoff, sogar schon Bruchrechnung (!), Potenz- und Wurzelrechnung, binomische Formeln, ... Termumformungen ... Diese Defizite sind schon längst kaum noch aufholbar ... In der Studieneingangsphase finden inzwischen fast überall mathematische Analphabetisierungsprogramme statt ..." Als Konsequenz aus diesem Befund fordern sie, „Sorge zu tragen, dass
>
> 1.) Deutschlands Schulen wieder zu einer an fachlichen Inhalten orientierten Mathematikausbildung zurückkehren können,
>
> 2.) die Verantwortung für die gründliche Übung und Wiederholung des genannten Mittelstufenstoffes wieder uneingeschränkt von den Schulen übernommen wird,
>
> 3.) wichtige Grundlageninhalte wie Bruch- und Wurzelgleichungen, Potenzen mit rationalen Exponenten ... wieder in die Lehrpläne aufgenommen werden,
>
> 4.) der Einsatz von Taschenrechnern und Computeralgebra-Systemen (CAS) die wichtige Phase des Einübens der elementaren und symbolischen Rechentechniken nicht beeinträchtigt (in Hessen ist z. B. ab Klasse 7 der Taschenrechner Pflicht, was die Routinegewinnung, etwa in der Bruchrechnung, empfindlich stört), ..."

Dies soll kein Plädoyer gegen das Nutzen eines Taschenrechners sein. Jedoch soll die Unterweisung in den Umgang mit Taschenrechnern nicht das ausführliche Üben und das ständige Wiederholen einfacher Aufgaben der Algebra verdrängen. Dazu zählt auch das Kopfrechnen.

Wer die Aufgaben

- a) Wie viel ist 97 • 98?
- b) Wie viel ist 103 • 198?
- c) Wie lautet die Quadratwurzel aus 4.489?
- d) Wie viel ist $1/_{18}$ von 498?
- e) Um wie viel ist $1/_7$ von 252 größer als $1/_6$ von 330?
- f) Wie viel ist 122,5 : 2,5?

problemlos und in angemessener Zeit im Kopf – also ohne die Hilfe eines Taschenrechners – zu lösen vermag, kann sich das Studieren dieses Buches sparen.

Wer nicht auf die Ergebnisse

- a) 9.506
- b) 20.394
- c) 67
- d) $27^2/_3$
- e) 3
- f) 49

kommt, aber dies auch schaffen möchte, sollte dieses Buch gewissenhaft durchlesen. Dann gelingt ihm auch, was bereits vor 140 Jahren den Volksschülern, also Schülern bis zur 10. Klasse, abverlangt wurde. Als Orientierung für dieses Heft wurde u. a. Johann Friedrich Heuners´ „Lehrgang des Rechenunterrichts mit gleichmäßiger Berücksichtigung des Kopf- und Zifferrechnens" (16. Auflage, Ansbach, 1882) genutzt, in der Hoffnung und Erwartung, dass auch die Schüler des 21. Jahrhunderts die gleichen Fähig- und Fertigkeiten im Kopfrechnen erlangen mögen wie ihre Ur-Ur-Ur-Großeltern Ende des 19. Jahrhunderts.

Das Kopfrechnen

Das Multiplizieren mit 11   Seite 4

Das Indische Multiplizieren   Seite 5

Die Binomischen Formeln   Seite 8

Das Zerlegen eines Faktors   Seite 14

Das Zerlegen beider Faktoren in Zehner und Einer   Seite 17

Das Multiplizieren sehr hoher zweistelliger Zahlen   Seite 19

Das Multiplizieren sehr hoher dreistelliger Zahlen   Seite 21

Das Ziehen der Quadratwurzel   Seite 22

Das Dividieren mit zerlegtem Dividenden   Seite 26

Das Dividieren mit zerlegtem Divisor   Seite 31

Das Umrechnen von Zeiteinheiten   Seite 32

Das Multiplizieren mit 11

Beispiel 1: 27 • 11

$\frac{27 \cdot 11}{2 \quad 7}$

Zunächst werden die beiden Ziffern der mit 11 zu multiplizieren Zahl (hier: 2 und 7) mit genügend Abstand in die Zeile unter dem Strich eingetragen.

$\frac{27 \cdot 11}{2 \ 9 \ 7}$

Die Summe dieser beiden unter dem Strich eingetragen Zahlen (also: 9) wird zwischen die beiden Zahlen gesetzt.

Beispiel 2: 38 • 11

$\frac{38 \cdot 11}{3 \quad 8}$

Zunächst werden die beiden Ziffern der mit 11 zu multiplizieren Zahl (hier: 3 und 8) mit genügend Abstand in die Zeile unter dem Strich eingetragen.

$\frac{38 \cdot 11}{3 \ 11 \ 8}$

Die Summe dieser beiden unter dem Strich eingetragen Zahlen (also: 11) wird zwischen die beiden Zahlen gesetzt.

$\frac{38 \cdot 11}{4 \ 1 \ 8}$

Die erste Ziffer der unter dem Strich in der Mitte eingetragenen Zahl (also: 1) wird zu der links stehenden Ziffer (hier: 3) addiert – das ergibt 3 + 1 = 4. Das Multiplizieren von 38 • 11 ergibt 418.

Beispiel 3: 96 • 11

$\frac{96 \cdot 11}{9 \quad 6}$

Zunächst werden die beiden Ziffern der mit 11 zu multiplizieren Zahl (hier: 9 und 6) mit genügend Abstand in die Zeile unter dem Strich eingetragen.

$\frac{96 \cdot 11}{9 \ 15 \ 6}$

Die Summe dieser beiden unter dem Strich eingetragen Zahlen (also: 15) wird zwischen die beiden Zahlen gesetzt.

$\frac{96 \cdot 11}{10 \ 5 \ 6}$

Die erste Ziffer der unter dem Strich in der Mitte eingetragenen Zahl (also: 1) wird zu der links stehenden Ziffer (hier: 9) addiert – das ergibt 9 + 1 = 10. Das Multiplizieren von 96 • 11 ergibt 1056.

Das Indische Multiplizieren

Die Aufgabe **789 • 236**
        1578
        2367
        _4734_
        186204

wird in deutschen Schulen zeilenweise gerechnet.
Im ersten Schritt ist 2 (die erste Ziffer von 236) mal 789 zu multiplizieren und das Ergebnis (1578) dimensionsgerecht unter den ersten Faktor zu schreiben.
Im zweiten Schritt wird 3 (die zweite Ziffer von 236) mal 789 gerechnet. Das Ergebnis (2367) wird um eine Stelle nach rechts versetzt unter das Ergebnis des ersten Schrittes geschrieben.
Im dritten Schritt wird die 6 (die dritte Ziffer von 236) mal 789 gerechnet. Das Ergebnis (4734) wird um eine Stelle nach rechts versetzt unter das Ergebnis des zweiten Schrittes geschrieben.
Schließlich werden im vierten Schritt die drei versetzt geschriebenen Ergebnisse addiert; das ergibt 186.204.

In analoger Weise könnte man die Aufgabe in der Reihenfolge Schritt 3 (es ist 6 mal 789 zu rechnen), dann Schritt 2 (es ist 3 mal 789 zu rechnen) und schließlich Schritt 1 (es ist 2 mal 789 zu rechnen) lösen, müsste dann aber die zweite und dritte Zeile um jeweils eine Stelle nach *links* versetzen:

          789 • 236
          4734
          2367
          _1578_
          186204

```
  7  8  9
           ┐
           │ 2
           │ 3
           │ 6
```

Einen anderen Lösungsweg bietet das sog. **Indische Multiplizieren**. Dabei werden die beiden Faktoren (789 und 236) an die obere bzw. an die rechte Seite eines gedachten Vierecks geschrieben.

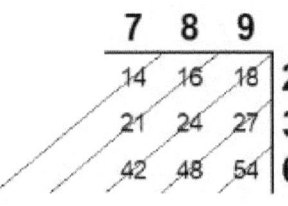

Als nächstes werden die Produkte aus den einzelnen Ziffern der beiden Faktoren gebildet, so in der ersten Zeile 2 • 7 (14), 2 • 8 (16), 2 • 9 (18). Es folgen 3 • 7 (21), 3 • 8 (24), 3 • 9 (27) und 6 • 7 (42), 6 • 8 (48), 6 • 9 (54).

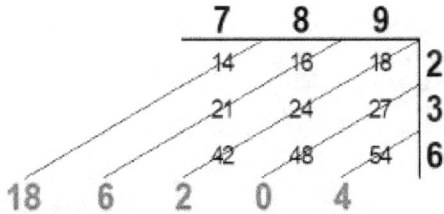

Entlang der gedanklich gezogenen Diagonalen werden diese Produkte addiert, wobei je Diagonale nur die Einerstelle aufgeschrieben wird, die Zehnerstelle wird als Einer an die nächste Diagonale nach links weitergereicht.

Die Summe der ersten Diagonalen von rechts lautet 54, die 4 wird aufgeschrieben und die 5 wird nach links als Übertrag weitergereicht.

Die Summe der zweiten Diagonalen lautet 80 (= 48 + 27 + Übertrag 5), geschrieben wird 0, weitergereicht wird 8.

Die Summe der dritten Diagonalen lautet 92 (= 42 + 24 + 18 + Übertrag 8), geschrieben wird 2, weitergereicht wird 9.

Die Summe der vierten Diagonalen lautet 46 (= 21 + 16 + Übertrag 9), geschrieben wird 6, weitergereicht wird 4.

Die Summe der letzten Diagonalen lautet 18 (= 14 + Übertrag 4).

Da es keine weiteren Diagonalen gibt, kann die 18 eingetragen werden.

1.) Lösen Sie die Aufgabe 688 • 325 mithilfe des Indischen Multiplizierens!

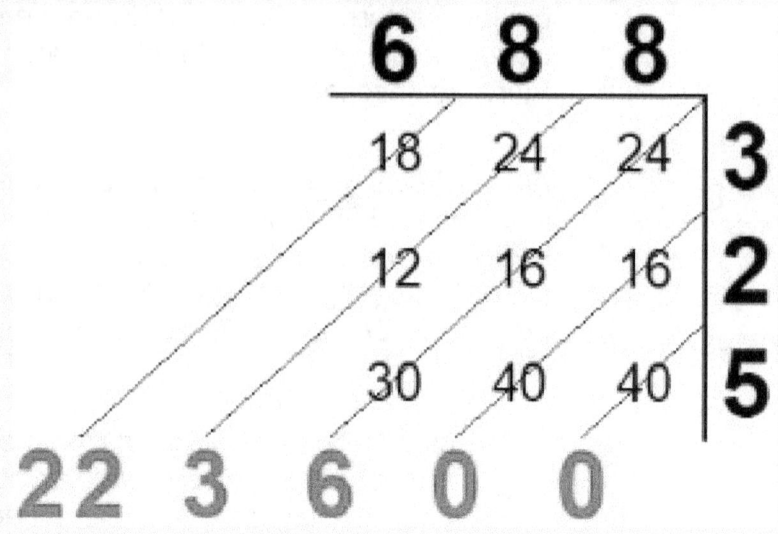

2.) Lösen Sie die Aufgabe 962 • 478 mithilfe des Indischen Multiplizierens!

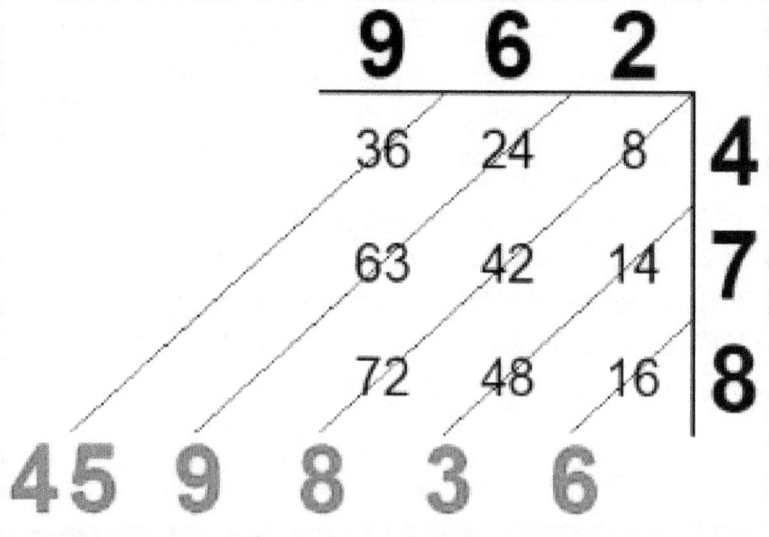

Die Binomischen Formeln

Es gibt drei Binomische Formeln:

① $(a + b)^2 = (a + b) \cdot (a + b) = a^2 + 2ab + b^2$

② $(a - b)^2 = (a - b) \cdot (a - b) = a^2 - 2ab + b^2$

③ $(a + b) \cdot (a - b) = a^2 - b^2$

Mit der **1. Binomischen Formel** kann man wunderbar folgende Aufgaben lösen:

3.) Lösen Sie die Aufgabe 61 • 61 mithilfe der 1. Binomischen Formel!

$$61 \cdot 61 = 60^2 + 2 \cdot 60 \cdot 1 + 1^2$$
$$= 3.600 + 120 + 1$$
$$= 3.721$$

4.) Lösen Sie die Aufgabe 71 • 71 mithilfe der 1. Binomischen Formel!

$$71 \cdot 71 = 70^2 + 2 \cdot 70 \cdot 1 + 1^2$$
$$= 4.900 + 140 + 1$$
$$= 5.041$$

5.) Lösen Sie die Aufgabe 81 • 81 mithilfe der 1. Binomischen Formel!

$$81 \cdot 81 = 80^2 + 2 \cdot 80 \cdot 1 + 1^2$$
$$= 6.400 + 160 + 1$$
$$= 6.561$$

6.) | Lösen Sie die Aufgabe 91 • 91 mithilfe der 1. Binomischen Formel!

$$91 \cdot 91 = 90^2 + 2 \cdot 90 \cdot 1 + 1^2$$
$$= 8.100 + 180 + 1$$
$$= 8.281$$

Im Kopf lassen sich die Quadrate von Zahlen relativ leicht ermitteln, die knapp über einem vollen Zehner (hier: 61 / 71 / 81 / 91 jeweils knapp über den Zehnern 60, 70, 80 bzw. 90) liegen.

Aber auch, wenn der Abstand zum vollen Zehner etwas größer wird (hier: 82 knapp über dem Zehner 80, 93 knapp über dem Zehner 90 und 74 knapp über dem Zehner 70), ist die Aufgabe noch leicht bewältigbar.

7.) | Lösen Sie die Aufgabe 82 • 82 mithilfe der 1. Binomischen Formel!

$$82 \cdot 82 = 80^2 + 2 \cdot 80 \cdot 2 + 2^2$$
$$= 6.400 + 320 + 4$$
$$= 6.724$$

8.) | Lösen Sie die Aufgabe 93 • 93 mithilfe der 1. Binomischen Formel!

$$93 \cdot 93 = 90^2 + 2 \cdot 90 \cdot 3 + 3^2$$
$$= 8.100 + 540 + 9$$
$$= 8.649$$

9.) | Lösen Sie die Aufgabe 74 • 74 mithilfe der 1. Binomischen Formel!

$$74 \cdot 74 = 70^2 + 2 \cdot 70 \cdot 4 + 4^2$$
$$= 4.900 + 560 + 16$$
$$= 5.476$$

Mit der **2. Binomischen Formel** kann man relativ leicht das Quadrat von Zahlen ermitteln, die knapp unter einem vollen Zehner (hier: 59 / 69 / 79 / 89 jeweils knapp unter den Zehnern 60, 70, 80 bzw. 90) liegen:

10.) Lösen Sie die Aufgabe 59 • 59 mithilfe der 2. Binomischen Formel!

$$59 \cdot 59 = 60^2 - 2 \cdot 60 \cdot 1 + 1^2$$
$$= 3.600 - 120 + 1$$
$$= 3.481$$

11.) Lösen Sie die Aufgabe 69 • 69 mithilfe der 2. Binomischen Formel!

$$69 \cdot 69 = 70^2 - 2 \cdot 70 \cdot 1 + 1^2$$
$$= 4.900 - 140 + 1$$
$$= 4.761$$

12.) Lösen Sie die Aufgabe 79 • 79 mithilfe der 2. Binomischen Formel!

$$79 \cdot 79 = 80^2 - 2 \cdot 80 \cdot 1 + 1^2$$
$$= 6.400 - 160 + 1$$
$$= 6.241$$

13.) Lösen Sie die Aufgabe 89 • 89 mithilfe der 2. Binomischen Formel!

$$89 \cdot 89 = 90^2 - 2 \cdot 90 \cdot 1 + 1^2$$
$$= 8.100 - 180 + 1$$
$$= 7.921$$

Aber auch, wenn der Abstand zum vollen Zehner etwas größer wird (hier: 78 / 88 / 87 / 66 jeweils knapp unter den Zehnern 80, 90 bzw. 70), ist die Aufgabe noch im Kopf bewältigbar.

14.) Lösen Sie die Aufgabe 78 • 78 mithilfe der 2. Binomischen Formel!

$$78 \cdot 78 = 80^2 - 2\cdot 80\cdot 2 + 2^2$$
$$= 6.400 - 320 + 4$$
$$= 6.084$$

15.) Lösen Sie die Aufgabe 88 • 88 mithilfe der 2. Binomischen Formel!

$$88 \cdot 88 = 90^2 - 2\cdot 90\cdot 2 + 2^2$$
$$= 8.100 - 360 + 4$$
$$= 7.744$$

16.) Lösen Sie die Aufgabe 87 • 87 mithilfe der 2. Binomischen Formel!

$$87 \cdot 87 = 90^2 - 2\cdot 90\cdot 3 + 3^2$$
$$= 8.100 - 540 + 9$$
$$= 7.569$$

17.) Lösen Sie die Aufgabe 66 • 66 mithilfe der 2. Binomischen Formel!

$$66 \cdot 66 = 70^2 - 2\cdot 70\cdot 4 + 4^2$$
$$= 4.900 - 560 + 16$$
$$= 4.356$$

Die **3. Binomische Formel** ist die schönste der drei Formeln und am leichtesten anzuwenden, da sich ihr Ergebnis aus nur zwei Werten speist. Bedingung für die Anwendung der 3. Binomischen Formel ist allerdings der gleiche wertmäßige Abstand (Aber aus verschiedenen Richtungen!) der beiden Größen a und b von einer günstigen Quadratzahl:

18.) Lösen Sie die Aufgabe 61 • 59 mithilfe der 3. Binomischen Formel!

$$61 \cdot 59 = 60^2 - 1^2$$
$$= 3.600 - 1$$
$$= 3.599$$

19.) Lösen Sie die Aufgabe 71 • 69 mithilfe der 3. Binomischen Formel!

$$71 \cdot 69 = 70^2 - 1^2$$
$$= 4.900 - 1$$
$$= 4.899$$

20.) Lösen Sie die Aufgabe 81 • 79 mithilfe der 3. Binomischen Formel!

$$81 \cdot 79 = 80^2 - 1^2$$
$$= 6.400 - 1$$
$$= 6.399$$

21.) Lösen Sie die Aufgabe 91 • 89 mithilfe der 3. Binomischen Formel!

$$91 \cdot 89 = 90^2 - 1^2$$
$$= 8.100 - 1$$
$$= 8.099$$

22.) Lösen Sie die Aufgabe 82 • 78 mithilfe der 3. Binomischen Formel!

$$82 \cdot 78 = 80^2 - 2^2$$
$$= 6.400 - 4$$
$$= 6.396$$

23.) Lösen Sie die Aufgabe 93 • 87 mithilfe der 3. Binomischen Formel!

$$93 \cdot 87 = 90^2 - 3^2$$
$$= 8.100 - 9$$
$$= 8.091$$

24.) Lösen Sie die Aufgabe 74 • 66 mithilfe der 3. Binomischen Formel!

$$74 \cdot 66 = 70^2 - 4^2$$
$$= 4.900 - 16$$
$$= 4.884$$

Möchte ein Lehrer seine Schüler, die noch keine Kenntnisse über die Binomischen Formeln haben, mit seinen (angeblichen?) Kopfrechenkünsten verblüffen, so lässt er sich von den Schülern eine möglichst hohe zweistellige Zahl nennen und ergänzt „zufällig" den zweiten Faktor derart passend, dass sich das Produkt leicht mit der 3. Binomischen Formel errechnen lässt. Parallel setzt er einen Schüler als Kontrolleur ein, der das Ganze mit dem Taschenrechner nachvollziehen soll. Werden also beispielsweise 79 oder 67 oder 62 als erste Faktoren vorgeschlagen, so muss der Lehrer 81, 73 bzw. 58 als zweite Faktoren ergänzen und blitzschnell 6.399 (= $80^2 - 1^2$), 4.891 (= $70^2 - 3^2$) bzw. 3.596 (= $60^2 - 2^2$) errechnen.
Bevor der kontrollierende Schüler die Zahlen in seinen Rechenknecht eingetippt hat, bietet der Lehrer zum großen Erstaunen der Schüler bereits das Ergebnis.

Das Zerlegen eines Faktors

Beim Multiplizieren mit einem Faktor, der knapp größer (z. B. 21, 31, 41 usw.) oder kleiner (z. B. 19, 29, 39 usw.) als ein voller Zehner ist, bietet sich das Zerlegen dieses Faktors an.

25.) Berechnen Sie 74 • 21!

Zerlegen des Faktors 21 in 20 und 1, danach Multiplizieren der 74 mit den beiden zerlegten Faktoren und schließlich Addieren der beiden Teilergebnisse:

$$74 \cdot 20 = 1.480 \ (= 2 \cdot 74 \cdot 10)$$
$$74 \cdot \ 1 = \underline{+ \ \ 74}$$
$$1.554$$

26.) Berechnen Sie 82 • 31!

$$82 \cdot 30 = 2.460 \ (= 3 \cdot 82 \cdot 10)$$
$$82 \cdot \ 1 = \underline{+ \ \ 82}$$
$$2.542$$

27.) Berechnen Sie 222 • 41!

$$222 \cdot 40 = 8.880 \ (= 4 \cdot 222 \cdot 10)$$
$$222 \cdot \ 1 = \underline{+ 222}$$
$$9.102$$

28.) Berechnen Sie 114 • 51!

$$114 \cdot 50 = 5.700 \ (= 5 \cdot 114 \cdot 10)$$
$$114 \cdot \ 1 = \underline{+ 114}$$
$$5.814$$

29.) Berechnen Sie 123 • 61!

$$123 \cdot 60 = 7.380 \ (= 6 \cdot 123 \cdot 10)$$
$$123 \cdot 1 = \underline{+ 123}$$
$$7.503$$

30.) Berechnen Sie 74 • 19!

Zerlegen des Faktors 21 in 20 und 1, danach Multiplizieren der 74 mit den beiden zerlegten Faktoren und schließlich Subtrahieren der beiden Teilergebnisse:

$$74 \cdot 20 = 1.480 \ (= 2 \cdot 74 \cdot 10)$$
$$74 \cdot 1 = \underline{- \ 74}$$
$$1.554$$

31.) Berechnen Sie 82 • 29!

$$82 \cdot 30 = 2.460 \ (= 3 \cdot 82 \cdot 10)$$
$$82 \cdot 1 = \underline{- \ 82}$$
$$2.542$$

32.) Berechnen Sie 222 • 39!

$$222 \cdot 40 = 8.880 \ (= 4 \cdot 222 \cdot 10)$$
$$222 \cdot 1 = \underline{- 222}$$
$$9.102$$

33.) Berechnen Sie 114 • 49!

$$114 \cdot 50 = 5.700 \ (= 5 \cdot 114 \cdot 10)$$
$$114 \cdot 1 = \underline{- 114}$$
$$5.814$$

34.) Berechnen Sie 123 • 59!

$$123 \cdot 60 = 7.380 \; (= 6 \cdot 123 \cdot 10)$$
$$123 \cdot 1 = \underline{-\;123}$$
$$7.503$$

35.) Berechnen Sie 74 • 15!

Zerlegen des Faktors 15 in 10 und 5 (= die Hälfte von 10), danach Multiplizieren der 74 mit den beiden zerlegten Faktoren, schließlich Addieren der beiden Teilergebnisse:

$$74 \cdot 10 = 740$$
$$74 \cdot 5 = \underline{+\;370}$$
$$1.110$$

36.) Berechnen Sie 82 • 16!

Zerlegen des Faktors 16 in 10 und 5 (= die Hälfte von 10) und 1, danach Multiplizieren der 82 mit den drei zerlegten Faktoren, schließlich Addieren der drei Teilergebnisse:

$$82 \cdot 10 = 820$$
$$82 \cdot 5 = +\;410$$
$$82 \cdot 1 = \underline{+\;82}$$
$$1.312$$

37.) Berechnen Sie 222 • 26!

$$222 \cdot 20 = 4.440 \; (= 2 \cdot 222 \cdot 10)$$
$$222 \cdot 5 = 1.110 \; (= \text{die Hälfte von } 10 \cdot 222)$$
$$222 \cdot 1 = \underline{+\;222}$$
$$5.772$$

Das Zerlegen beider Faktoren in Zehner und Einer

In Anlehnung an die Rechnungen mithilfe der drei Binomischen Formeln lassen sich zahlreiche Aufgaben vereinfachen, indem man die Faktoren in Zehner und Einer teilt:

38.) Berechnen Sie 103 • 198!

$$103 \cdot 198 = (100 + 3) \cdot (200 - 2)$$

Jedes Glied der ersten Klammer (also: 100 und 3) wird mit jedem Glied der zweiten Klammer (also: 200 und 2) multipliziert.

$$= 100 \cdot 200 + 100 \cdot (-2) + 3 \cdot 200 + 3 \cdot (-2)$$
$$= 20.000 - 200 + 600 - 6$$
$$= 20.394$$

Die Einerstelle des Ergebnisses (4) ergibt sich aus der Einerstelle des Produktes (24) der Einerstellen der beiden Faktoren (3 und 8).

39.) Berechnen Sie 97 • 98!

$$97 \cdot 98 = (100 - 3) \cdot (100 - 2)$$
$$= 100 \cdot 100 + \underline{100 \cdot (-2) + (-3) \cdot 100} + (-3) \cdot (-2)$$

Da das jeweils zweite Glied in der Klammer vom ersten Glied subtrahiert wird und die jeweils ersten Glieder gleich groß sind, kann man die beiden zweiten Glieder addieren.

$$= 10.000 - 500 + 6$$
$$= 9.506$$

40.) Berechnen Sie 102 • 105!

$$102 \cdot 105 = (100 + 2) \cdot (100 + 5)$$
$$= 100 \cdot 100 + \underline{100 \cdot 5 + 2 \cdot 100} + 2 \cdot 5$$
$$= 10.000 + 700 + 10$$
$$= 10.710$$

41.) Berechnen Sie 98 • 103!

$$98 \cdot 103 = (100 - 2) \cdot (100 + 3)$$
$$= 100 \cdot 100 + \underline{100 \cdot 3 + (-2) \cdot 100} + (-2) \cdot 3$$
$$= 10.000 + 100 - 6$$
$$= 10.094$$

42.) Berechnen Sie 202 • 195!

$$202 \cdot 195 = (200 + 2) \cdot (200 - 5)$$
$$= 200 \cdot 200 + \underline{200 \cdot (-5) + 2 \cdot 200} + 2 \cdot (-5)$$
$$= 40.000 - 600 - 10$$
$$= 39.390$$

43.) Berechnen Sie 403 • 298!

$$403 \cdot 298 = (400 + 3) \cdot (300 - 2)$$
$$= 400 \cdot 300 + 400 \cdot (-2) + 3 \cdot 300 + 3 \cdot (-2)$$
$$= 120.000 - 800 + 900 - 6$$
$$= 120.094$$

Das Multiplizieren sehr hoher zweistelliger Zahlen

Beispiel 1:   96 • 97

$\dfrac{96 \cdot 97}{4 \quad 3}$ Zunächst werden für beide Faktoren die Differenzen zu 100 ermittelt.

$\dfrac{96 \cdot 97}{4 + 3} = \mathbf{93}$ Die von 100 abgezogene Summe beider Differenzen (also: 4 + 3 = 7) bildet die ersten beiden Ziffern der Lösung (hier: 93).

$\dfrac{96 \cdot 97}{4 \cdot 3} = 9312$ Das Produkt der beiden Differenzen (also: 4 • 3 = 12) bilden die nächsten beiden Ziffern der Lösung (hier: 9312).

Beispiel 2:   93 • 92

$\dfrac{93 \cdot 92}{7 \quad 8}$ Zunächst werden für beide Faktoren die Differenzen zu 100 ermittelt.

$\dfrac{93 \cdot 92}{7 + 8} = \mathbf{85}$ Die von 100 abgezogene Summe beider Differenzen (also: 7 + 8 = 15) bildet die ersten beiden Ziffern der Lösung (hier: 85).

$\dfrac{93 \cdot 92}{7 \cdot 8} = 8556$ Das Produkt der beiden Differenzen (also: 7 • 8 = 56) bilden die nächsten beiden Ziffern der Lösung (hier: 8556).

Beispiel 3:   95 • 91

$\dfrac{95 \cdot 91}{5 \quad 9}$ Zunächst werden für beide Faktoren die Differenzen zu 100 ermittelt.

$\dfrac{95 \cdot 91}{5 + 9} = \mathbf{86}$ Die von 100 abgezogene Summe beider Differenzen (also: 5 + 9 = 14) bildet die ersten beiden Ziffern der Lösung (hier: 86).

$\dfrac{95 \cdot 91}{5 \cdot 9} = 8645$ Das Produkt der beiden Differenzen (also: 5 • 9 = 45) bilden die nächsten beiden Ziffern der Lösung (hier: 8645).

Beispiel 4:   85 • 92

| 85 • 92 | Zunächst werden für beide Faktoren die Differenzen zu 100 ermittelt. |
| 15   8 | |

| 85 • 92 = **77** | Die von 100 abgezogene Summe beider Differenzen (also: 15 + 8 = 23) bildet die ersten beiden Ziffern der Lösung (hier: 77). |
| 15 + 8 | |

| 85 • 92 = 7820 | Das Produkt der beiden Differenzen (also: 15 • 8 = 120) bilden die nächsten beiden Ziffern der Lösung (hier: 7820), wobei die „überzählige" erste Stelle (hier: 1) nach links addiert wird (also: 77 + 1 = 78). |
| 15 • 8 | |

Beispiel 5:   86 • 87

| 86 • 87 | Zunächst werden für beide Faktoren die Differenzen zu 100 ermittelt. |
| 14   13 | |

| 86 • 87 = **73** | Die von 100 abgezogene Summe beider Differenzen (also: 14 + 13 = 27) bildet die ersten beiden Ziffern der Lösung (hier: 73). |
| 14 + 13 | |

| 86 • 87 = 7482 | Das Produkt der beiden Differenzen (also: 14 • 13 = 182) bilden die nächsten beiden Ziffern der Lösung (hier: 7482), wobei die „überzählige" erste Stelle (hier: 1) nach links addiert wird (also: 73 + 1 = 74). |
| 14 • 13 | |

An den letzten beiden Beispielen erkennt man das Problem dieser Rechenmethode: Je weiter die beiden Faktoren von 100 entfernt sind (z. B. 76 oder 63), desto größer wird das Produkt der beiden Differenzen.
Diese Rechenmethode ist also besonders für sehr hohe – nahe an 100 liegenden – zweistellige Faktoren geeignet.

Das Multiplizieren sehr hoher dreistelliger Zahlen

Beispiel 1: 996 • 997

996 • 997
  4   3

Zunächst werden für beide Faktoren die Differenzen zu 1000 ermittelt.

996 • 997 = **993**
  4 + 3

Die von 1000 abgezogene Summe beider Differenzen (also: 4 + 3 = 7) bildet die ersten beiden Ziffern der Lösung (hier: 993).

996 • 997 = 993012
  4 • 3

Das Produkt der beiden Differenzen (also: 4 • 3 = 12) bilden die nächsten drei Ziffern (hier: mit Vornull) der Lösung (hier: 993012).

Beispiel 1: 995 • 993

995 • 993
  5   7

Zunächst werden für beide Faktoren die Differenzen zu 1000 ermittelt.

995 • 993 = **988**
  5 + 7

Die von 1000 abgezogene Summe beider Differenzen (also: 5 + 7 = 12) bildet die ersten beiden Ziffern der Lösung (hier: 988).

995 • 993 = 988035
  5 • 7

Das Produkt der beiden Differenzen (also: 5 • 7 = 35) bilden die nächsten drei Ziffern (hier: mit Vornull) der Lösung (hier: 988035).

Auch an diesen beiden Beispielen erkennt man das Manko dieser Rechenmethode: Je weiter die beiden Faktoren von 1.000 entfernt sind (z. B. 764 oder 613), desto größer wird das Produkt der beiden Differenzen.
Diese Rechenmethode ist also nur für sehr, sehr hohe – nahe an 1.000 liegende – dreistellige Faktoren geeignet.

Das Ziehen der Quadratwurzel

Bei der Multiplikation zweier mehrziffriger Faktoren ergibt sich die Einerstelle des Produktes aus den Einerstellen der beiden Faktoren:

z. B.: 127 • 352 = 44.704

> Das Produkt der beiden Einerstellen der Faktoren 127 und 352 lautet 7 • 2 = 14. Die Einerstelle von 14 ist 4 – so wie die Einerstelle im Ergebnis 44.704.
>
> Die 0 als Einerstelle im Faktor liefert die 0 als Einerstelle im Produkt.
> Die 1 als Einerstelle im Faktor liefert die 1 als Einerstelle im Produkt.
> Die 2 als Einerstelle im Faktor liefert die 4 als Einerstelle im Produkt.
> Die 3 als Einerstelle im Faktor liefert die 9 als Einerstelle im Produkt.
> Die 4 als Einerstelle im Faktor liefert die 6 als Einerstelle im Produkt.
> Die 5 als Einerstelle im Faktor liefert die 5 als Einerstelle im Produkt.
> Die 6 als Einerstelle im Faktor liefert die 6 als Einerstelle im Produkt.
> Die 7 als Einerstelle im Faktor liefert die 9 als Einerstelle im Produkt.
> Die 8 als Einerstelle im Faktor liefert die 4 als Einerstelle im Produkt.
> Die 9 als Einerstelle im Faktor liefert die 1 als Einerstelle im Produkt.

Bei der Multiplikation zweier mehrziffriger Faktoren ergeben sich die Einer- und die Zehnerstelle des Produktes aus den Einer- und Zehnerstellen der beiden Faktoren:

z. B.: 712 • 403 = 286.936

> Das Produkt der beiden Einer- und Zehnerstellen der Faktoren 712 und 403 lautet 12 • 03 = 36. Die Einer- und Zehnerstelle ist 36 – so wie die Einer- und Zehnerstelle im Ergebnis 286.936.

Diese Erkenntnis der Ermittlung der Einer- und Zehnerstelle im Ergebnis einer Multiplikation kann man beim Ziehen von Quadratwurzeln nutzen.

44.) Wie lautet die Quadratwurzel aus 4.489?

Zunächst ist das Ergebnis einzugrenzen:

$$60^2 = 3.600$$
$$70^2 = 4.900$$

Das Ergebnis liegt also zwischen 61 und 69.

Die Einerstellen 3 und 7 liefern im Ergebnis einer Multiplikation eine 9 als Einerstelle. Folglich ist das Ergebnis entweder 63 oder 67.

Da 4.489 deutlich näher an 4.900 als an 3.600 liegt, ist die größere der beiden Zahlen (also: 67) wahrscheinlicher.

$$67 \cdot 67 = (70 - 3) \cdot (70 - 3)$$
$$= 4.900 - 210 - 210 + 9$$
$$= \mathbf{4.489}$$

45.) Wie lautet die Quadratwurzel aus 8.464?

Zunächst ist das Ergebnis einzugrenzen:

$$90^2 = 81.000$$
$$100^2 = 100.000$$

Das Ergebnis liegt also zwischen 91 und 99.

Die Einerstellen 2 und 8 liefern im Ergebnis einer Multiplikation eine 4 als Einerstelle. Folglich ist das Ergebnis entweder 92 oder 98.

Da 8.464 deutlich näher an 8.100 als an 100.000 liegt, ist die kleinere der beiden Zahlen (also: 92) wahrscheinlicher.

$$92 \cdot 92 = (90 + 2) \cdot (90 + 2)$$
$$= 8.100 + 180 + 180 + 4$$
$$= \mathbf{8.464}$$

46.) Wie lautet die Quadratwurzel aus 65.536?

Zunächst ist das Ergebnis einzugrenzen:
$$200^2 = 40.000$$
$$300^2 = 90.000$$
Das Ergebnis liegt also zwischen 201 und 299.

Eine weitere Eingrenzung ermöglicht $250^2 = 62.500$. Folglich liegt das Ergebnis zwischen 251 und 299.

Die Einerstellen 4 und 6 liefern im Ergebnis einer Multiplikation eine 6 als Einerstelle. Folglich ist das Ergebnis entweder 254 oder 256 oder 264 oder 266 oder 274 oder 276 oder 284 oder 286 oder 294 oder 296.

Da 65.536 deutlich nahe an 62.500 liegt, ist 254 oder 256 als Lösung wahrscheinlicher als die anderen Zahlen.

$$\begin{aligned} 254 \cdot 254 &= (250 + 4) \cdot (250 + 4) \\ &= 62.500 + 1.000 + 1.000 + 16 \\ &= 64.516 \end{aligned}$$

Da 254 als Lösung ausscheidet und das Quadrat von 254 mit 64.516 sehr nahe an 65.536 liegt, wird die 256 als Lösung sehr wahrscheinlich.

$$\begin{aligned} 256 \cdot 256 &= (250 + 6) \cdot (250 + 6) \\ &= 62.500 + 1.500 + 1.500 + 36 \\ &= \mathbf{65.536} \end{aligned}$$

47.) Wie lautet die Quadratwurzel aus 285.156?

Zunächst ist das Ergebnis einzugrenzen:

$$500^2 = 250.000$$
$$600^2 = 360.000$$

Das Ergebnis liegt also zwischen 501 und 599.

Eine weitere Eingrenzung ermöglicht $55^2 = 3.025$. Folglich liegt das Ergebnis zwischen 501 und 549.

Eine weitere Eingrenzung ermöglicht $53^2 = 2.809$. Folglich liegt das Ergebnis zwischen 531 und 549.

Eine weitere Eingrenzung ermöglicht $54^2 = 2.916$. Folglich liegt das Ergebnis zwischen 531 und 539.

Die Einerstellen 4 und 6 liefern im Ergebnis einer Multiplikation eine 6 als Einerstelle. Folglich ist das Ergebnis entweder 534 oder 536.

Da 285.156 deutlich näher an 280.900 liegt, ist 534 als Lösung wahrscheinlich.

$$
\begin{aligned}
534 \cdot 534 &= (530 + 4) \cdot (530 + 4) \\
&= 280.900 + 2.120 + 2.120 + 16 \\
&= \mathbf{285.156}
\end{aligned}
$$

Das Dividieren mit zerlegtem Dividenden

> Der Schüler muß unter allen Umständen dahin gebracht werden, jede Zahl bis tausend durch jede Grundzahl auch frei im Kopfe sicher und fertig zu dividieren. Die Sicherheit beruht auf der klaren Einsicht, wie eine Zahl in jedem gegebenen Falle zu zerlegen sei, damit der zu suchende Teil ohne Schwierigkeit gefunden werden könne; die Fertigkeit ist die Frucht der Übung und wird um so leichter erzielt, je mehr man sich der Kürze befleißigt. Da die Zerlegung einer Zahl in ihre teilbaren Bestandteile nach dem Divisor sich richtet, so muß dieselbe für jeden Divisor, hier also für jede Grundzahl, besonders eingeübt werden.

aus: „Lehrgang des Rechenunterrichts ...", Seite 91

Die Ansage lautet: „Der Schüler muss unter allen Umständen dahin gebracht werden, jede Zahl bis tausend durch jede Grundzahl auch frei im Kopfe sicher und fertig zu dividieren."
Um diese Forderung zu erreichen muss geübt, geübt und geübt werden, denn

„Die Fertigkeit ist die Frucht der Übung!"

48.) | Wie lautet der 4. Teil (= ein Viertel) von 597?

Man ermittelt den 4. Teil von 600 und zieht davon den 4. Teil von 3 ab.

$$\frac{1}{4} \text{ von } 600 = \mathbf{150}$$

$$\frac{1}{4} \text{ von } 3 = \frac{3}{4} = \mathbf{0{,}75}$$

$$150 - 0{,}75 = 149{,}25$$

49.) Wie lautet der 5. Teil (= ein Fünftel) von 597?

Man ermittelt den 5. Teil von 600 und zieht davon den 5. Teil von 3 ab.

$$\frac{1}{5} \text{ von } 600 = \mathbf{120}$$

$$\frac{1}{5} \text{ von } 3 = \frac{3}{5} = \mathbf{0{,}6}$$

$$120 - 0{,}6 = 119{,}4$$

50.) Wie lautet der 6. Teil (= ein Sechstel) von 597?

Man ermittelt den 6. Teil von 600 und zieht davon den 6. Teil von 3 ab.

$$\frac{1}{6} \text{ von } 600 = \mathbf{100}$$

$$\frac{1}{6} \text{ von } 3 = \frac{3}{6} = \mathbf{0{,}5}$$

$$100 - 0{,}5 = 99{,}5$$

51.) Wie lautet $1/15$ von 498?

Man sucht zunächst nach dem größten Vielfachen von 15, das nahe genug an 498 liegt. Danach teilt man den ganzzahligen Rest durch 15.

$$10 \cdot 15 = 150 \ / \ 20 \cdot 15 = 300 \ / \ 30 \cdot 15 = 450$$

$$3 \cdot 15 = 45$$

33 • 15 = 495   Der ganzzahlige Rest lautet 3.

Der Rest lautet 3: $\quad \frac{3}{15} = \frac{1}{5} = \mathbf{0{,}2}$

$$33 + 0{,}2 = 33{,}2$$

52.) Wie lautet $1/_{16}$ von 498?

Man sucht zunächst nach dem größten Vielfachen von 16, das nahe genug an 498 liegt. Danach teilt man den ganzzahligen Rest durch 16.

$$10 \cdot 16 = 160 \;/\; 20 \cdot 16 = 320 \;/\; 30 \cdot 16 = 480$$

31 · 16 = 496   Der ganzzahlige Rest lautet 2.

Der Rest lautet 2: $\frac{2}{16} = \frac{1}{8} =$ **0,125**

$$31 + 0,125 = 31,125$$

53.) Wie lautet $1/_{18}$ von 498?

Man sucht zunächst nach dem größten Vielfachen von 18, das nahe genug an 498 liegt. Danach teilt man den ganzzahligen Rest durch 18.

$$10 \cdot 18 = 180 \;/\; 20 \cdot 18 = 360 \;/\; 5 \cdot 18 = 90 \;/\; 2 \cdot 18 = 36$$

27 · 18 = 486   Der ganzzahlige Rest lautet 12.

Der Rest lautet 12: $\frac{12}{18} = \frac{2}{3}$

$$27 + 2/_3 = 27\, 2/_3$$

54.) Um wie viel ist $1/_7$ von 252 größer als $1/_6$ von 330?

$1/_7$ von 252:

   $7 \cdot 10 = 70 \;/\; 7 \cdot 20 = 140 \;/\; 7 \cdot 30 = 210 \;/\; 7 \cdot \mathbf{36} = 252$

$1/_6$ von 198:

   $6 \cdot 10 = 60 \;/\; 6 \cdot 20 = 120 \;/\; 6 \cdot 30 = 180 \;/\; 6 \cdot \mathbf{33} = 198$

$$36 - 33 = 3$$

55.) Wie viel ist ein Fünftel von 498?

$$100 \cdot 5 = 500$$

Daraus folgt: **99 · 5 = 495**

Der ganzzahlige Rest lautet 3.

Der Rest lautet 3: $\frac{3}{5}$ = **0,6**

$$99 + 0,6 = 99,6$$

56.) Wie viel ist ein Fünftel von 244?

Wenn man die Zahl 5 verdoppelt, erhält man die gut als Divisor zu verwendende Zahl 10.

Aus der Aufgabe 244 : 5 wird durch Erweitern mit 2 die Aufgabe 488 : 10.

Die Division durch 10 erfolgt durch einfaches Verschieben des Kommas nach links: 48,8

57.) Wie viel ist $1/25$ von 214,5?

Wenn man die Zahl 25 vervierfacht, erhält man die gut als Divisor zu verwendende Zahl 100.

Aus der Aufgabe 214,5 : 25 wird durch Erweitern mit 4 die Aufgabe 858 : 100.

Die Division durch 100 erfolgt durch zweifaches Verschieben des Kommas nach links: 8,58

58.) | Wie viel ist 122,5 : 2,5?

Durch Erweitern des Zählers und des Nenners mit 4 erhält man die gut als Divisor zu verwendende Zahl 10.

Aus der Aufgabe 122,5 : 2,5 wird durch Erweitern mit 4 die Aufgabe 490 : 10.

Die Division durch 10 erfolgt durch einfaches Verschieben des Kommas nach links: 49

59.) | Wie viel ist $^1/_{75}$ von 214,5?

Wenn man die Zahl 75 vervierfacht, erhält man die besser als Divisor zu verwendende Zahl 300.

Aus der Aufgabe 214,5 : 75 wird durch Erweitern mit 4 die Aufgabe 858 : 300.

In der Aufgabe 858 : 300 werden Zähler und Nenner durch 3 geteilt. Dies ergibt die 286 : 100.

Die Division durch 100 erfolgt durch zweifaches Verschieben des Kommas nach links: 2,86

60.) | Wie viel ist $^1/_{40}$ von 214,5?

Wenn man die Zahl 40 verfünffacht und danach halbiert, erhält man die besser als Divisor zu verwendende Zahl 100.

Aus der Aufgabe 214,5 : 40 wird durch Erweitern mit 5 die Aufgabe 1.072,5 : 200.

In der Aufgabe 1.072,5 : 200 werden Zähler und Nenner durch 2 geteilt. Dies ergibt die 536,25 : 100.

Die Division durch 100 erfolgt durch zweifaches Verschieben des Kommas nach links: 5,3625

Das Dividieren mit zerlegtem Divisor

61.) | Wie viel ist ein Achtel von 214,5? |

Da 8 = 2 • 2 • 2 ist, ergibt sich im Umkehrschluss, dass die Division durch 8 gleichbedeutend mit einer dreifachen Halbierung ist.

Die Hälfte von 214,5 ist **107,25**.

Die Hälfte von 107,25 ist **53,625**.

Die Hälfte von 53,625 ist 26,8125.

62.) | Wie viel ist ein $1/_{80}$ von 2.212? |

Die Zahl 80 lässt sich in 10 • 8 zerlegen.

Die Division durch 10 erfolgt durch einfaches Verschieben des Kommas nach links.

Da 8 = 2 • 2 • 2 ist, ergibt sich im Umkehrschluss, dass die Division durch 8 gleichbedeutend mit einer dreifachen Halbierung ist.

Die Hälfte von 2.212 ist **1.106**.

Die Hälfte von 1.106 ist **553**.

Die Hälfte von 553 ist **276,5**.

Nach dem Verschieben des Kommas um eine Stelle nach links (wegen der Division durch 10) ergibt sich 27,65.

Das Umrechnen von Zeiteinheiten

Das Besondere bei Umrechnungen von Zeiteiheiten ist, dass diese Einheiten nicht in Zehner-, Hunderter- oder Tausenderschritten erfolgen, wie beispielsweise

die Längeneinheiten
  1 Meter = 10 Dezimeter = 100 Zentimeter = 1.000 Millimeter

die Gewichtseinheiten
  1 Kilogramm = 1.000 Gramm

die Flächeneinheiten
  1 Hektar = 100 Ar = 10.000 Quadratmeter

Die Umrechnungen der Zeiteiheiten erfolgen in 24er- oder 60er-Schritten:
  ein Tag = 24 Stunden
  eine Stunde = 60 Minuten
  eine Minute = 60 Sekunden

63.) Wie viele Stunden und Minuten sind 2,15 Stunden?

$0{,}15 \text{ Stunden} \cdot 60 \text{ Minuten}/\text{Stunde} = \textbf{9 Minuten}$

2,15 Stunden entsprechen 2:09 Stunden.

Beachte die unterschiedliche Schreibweise mit Komma oder mit Doppelpunkt.

64.) Wie viele Minuten sind 3,4 Stunden?

$$3 \text{ Stunden} = 3 \text{ Stunden} \cdot 60 \text{ Minuten/Stunde}$$

$$= \mathbf{180 \text{ Minuten}}$$

$$0{,}4 \text{ Stunden} = \frac{4}{10} \text{ Stunden} \cdot 60 \text{ Minuten/Stunde}$$

$$= \mathbf{24 \text{ Minuten}}$$

insgesamt 204 Minuten

auch:

$$3{,}4 \text{ Stunden} = 3{,}4 \text{ Stunden} \cdot 60 \text{ Minuten/Stunde}$$

$$= 204 \text{ Minuten}$$

65.) Wie viele Stunden sind 2:54 Stunden (2 Stunden und 54 Minuten)?

$$\frac{54}{60} \text{ Stunden} = \mathbf{0{,}9 \text{ Stunden}}$$

2:54 Stunden entsprechen 2,9 Stunden.

66.) Wie viele Stunden sind 495 Minuten?

$$495 \text{ Minuten} : 60 \text{ Minuten/Stunde} = 8{,}25 \text{ Stunden}$$

67.) Wie viele Minuten sind 192 Sekunden?

$$192 \text{ Sekunden} : 60 \text{ Sekunden/Minute} = 3{,}2 \text{ Minuten}$$

68.) Wie viele Stunden sind 126 Minuten?

$$126 \text{ Minuten} : 60 \text{ }^{Minuten}/_{Stunde} = 2{,}1 \text{ Stunden}$$

69.) Wie viele Stunden sind 2¾ Arbeitstage á 9 Stunden?

$$2¾ \text{ Arbeitstage á 9 Stunden} = 2{,}75 \text{ AT} \cdot 9 \text{ }^{Stunden}/_{AT}$$

$$= 24{,}75 \text{ Stunden}$$

70.) Wie viele Tage á 24 Stunden sind 1.728 Minuten?

$$1.728 \text{ Minuten} : 60 \text{ }^{Minuten}/_{Stunde} = \mathbf{28{,}8 \text{ Stunden}}$$

$$28{,}8 \text{ Stunden} : 24 \text{ }^{Stunden}/_{Tage} = 1{,}2 \text{ Tage}$$

71.) Wie viele Stunden sind 2½ Arbeitstage á 8½ Stunden?

$$2½ \text{ Arbeitstage á 8½ Stunden} = 2{,}5 \text{ AT} \cdot 8{,}5 \text{ }^{Stunden}/_{AT}$$

$$= 21{,}25 \text{ Stunden}$$

72.) Wie viele Stunden sind 6.480 Sekunden?

$$6.480 \text{ Sekunden} : 60 \text{ }^{Sekunden}/_{Minute} = \mathbf{108 \text{ Minuten}}$$

$$108 \text{ Minuten} : 60 \text{ }^{Minuten}/_{Stunde} = 1{,}8 \text{ Stunden}$$

$$1{,}8 \text{ Stunden} = 1 \text{ Stunde} + 48 \text{ Minuten } (= 1{:}48 \text{ Stunde})$$

73.) Wie viele Stunden sind 3¼ Arbeitstage á 9 Stunden?

$$3¼ \text{ Arbeitstage á 9 Stunden} = 3{,}25 \text{ AT} \cdot 9 \text{ }^{Stunden}/_{AT}$$

$$= 29{,}25 \text{ Stunden}$$

74.) Wie viele Tage á 24 Stunden sind 51 Stunden?

$$51 \text{ Stunden} : 24 \text{ }^{Stunden}/_{Tag} = 2{,}125 \text{ Tage}$$

75.) Wie viele Minuten sind 3,2 Tage á 24 Stunden?

$$3{,}2 \text{ Tage á 24 Stunden} = 3{,}2 \text{ Tage} \cdot 24 \text{ }^{Stunden}/_{Tag}$$

$$= 76{,}8 \text{ Stunden}$$

$$76{,}8 \text{ Stunden} \cdot 60 \text{ }^{Minuten}/_{Stunde} = 4.608 \text{ Minuten}$$

76.) Wie viele Stunden sind 7:24 Stunden (7 Stunden und 24 Minuten)?

$$0{,}24 \text{ Minuten} = \frac{24}{60} \text{ Stunden}$$

$$= \mathbf{0{,}4 \text{ Stunden}}$$

insgesamt 7,4 Stunden

77.) Wie viele Stunden sind 3:09:36 Stunden (3 Stunden und 9 Minuten und 36 Sekunden)?

9 Minuten = $\frac{9}{60}$ Stunden = **0,15 Stunden**

36 Sekunden = $\frac{36}{3600}$ Stunden = **0,01 Stunden**

3:09:36 Stunden entsprechen 3,16 Stunden.

78.) Wie viele Minuten sind 4,55 Stunden?

4,55 Stunden • 60 Minuten/Stunde = 273 Minuten

79.) Wie viele Stunden sind 4½ Arbeitstage á 6½ Stunden?

4½ Arbeitstage á 6½ Stunden = 4,5 AT • 6,5 $^{Stunden}/_{AT}$

= 29,25 Stunden

80.) Wie viele Tage á 24 Stunden sind 2.664 Minuten?

2.664 Minuten : 60 $^{Minuten}/_{Stunde}$ = **44,4 Stunden**

44,4 Stunden : 24 $^{Stunden}/_{Tag}$ = 1,85 Tage

81.) Wie viele Stunden sind 4:15:18 Stunden (4 Stunden und 15 Minuten und 18 Sekunden)?

15 Minuten = $\frac{15}{60}$ Stunden = **0,25 Stunden**

18 Sekunden = $\frac{18}{3600}$ Stunden = **0,005 Stunden**

4:15:18 Stunden entsprechen 4,255 Stunden.

Innerhalb der Reihe „Mathematik – leicht verständlich" erschienen bisher die Broschüren

Das Kopfrechnen

Das Dreisatzrechnen

Das Prozentrechnen

Das Zinsrechnen

Das Diskontrechnen

Die Gleichungen

Die Funktionen

Die Boolesche Algebra

Die Zahlensysteme

Die Kombinatorik

Das Wahrscheinlichkeitsrechnen

Die Partialdivision

Das Integralrechnen

Das Differenzialrechnen

Die komplexen Zahlen

Die Finanzmathematik

www.ingramcontent.com/pod-product-compliance
Lightning Source LLC
Chambersburg PA
CBHW050322220526
45465CB00005B/2086